小学生宇宙与航天知识自主读本 6-10岁适读

# 宇宙我知道

## 空间站

景海荣 著
庄国京 审定

中国宇航出版社
·北京·

# 目录



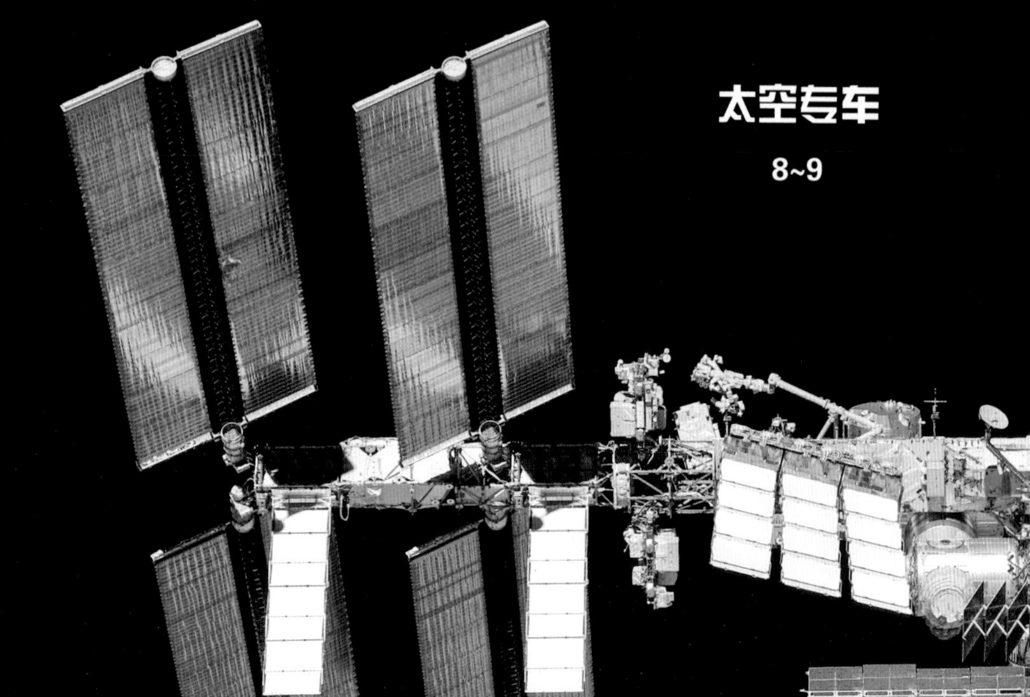

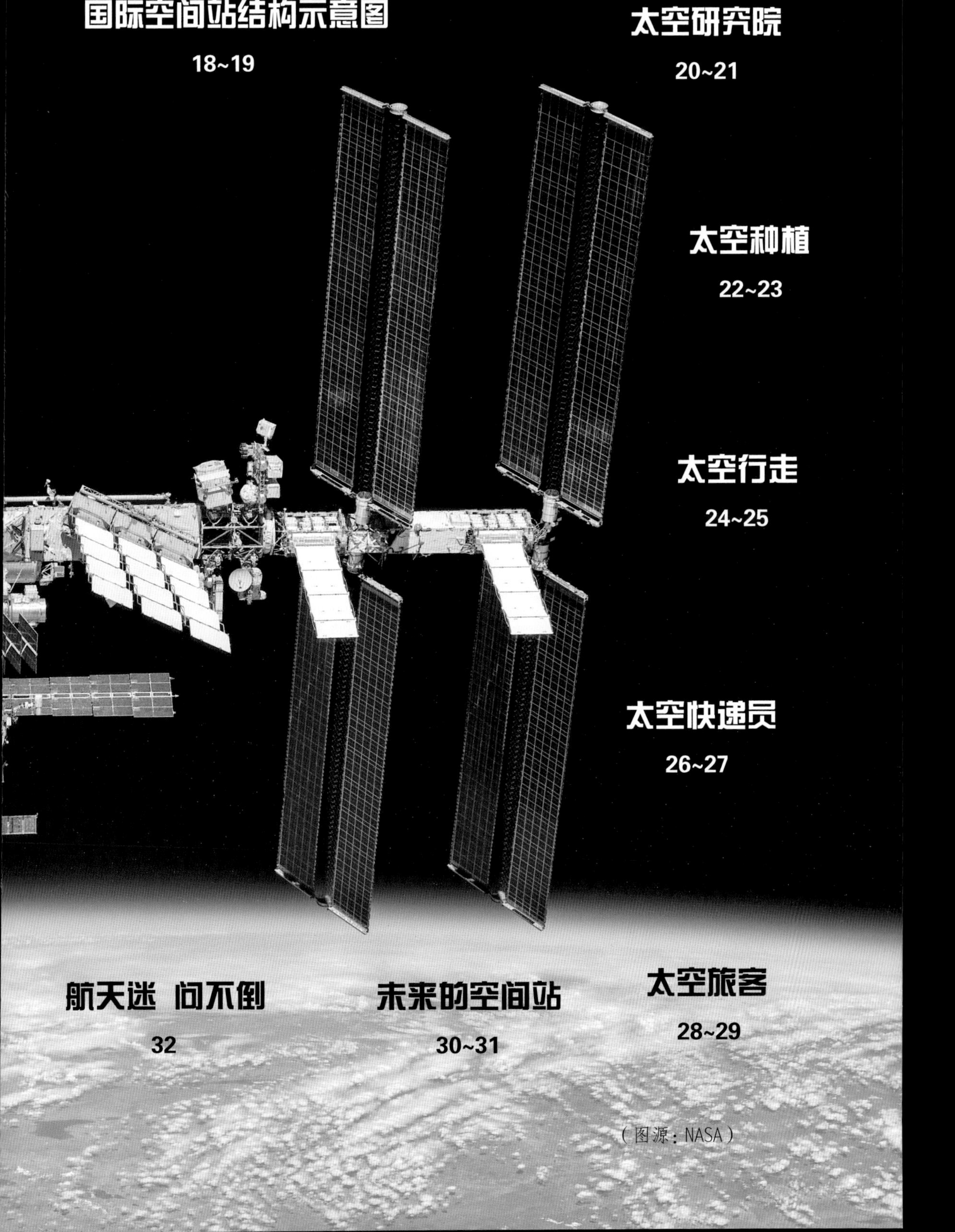



（图源：NASA）

# 什么是空间站？

空间站很高，它在离地球大约 400 千米的太空中运行。空间站很快，它的速度大约是每小时 27 000 千米，每 90 分钟就能绕地球一圈。空间站很大，国际空间站比一个国际标准足球场还大一些。空间站很重，国际空间站重约 420 吨，相当于 100 多头大象！中国的空间站预计在 2022 年建成，年轻的它会比国际空间站小一些。

空间站是人类设在太空的基地，航天员在那里生活工作，非常辛苦忙碌。他们到底在忙些什么呢？大体上说，有 3 个方面：第一是搞科研，从观察细胞到种菜，有很多实验要做；第二是探索，从地球到太阳再到遥远的星系，有很多秘密等着他们去发现；第三是教育，“天宫课堂”的内容，是不是很有趣？此外，航天员还要忙着修理和维护空间站。

空间站的历史很悠久，空间站也不是一次建成的。下面，我们就来了解一下它吧！

（图源：NASA）

# 空间站之梦

1964 年 4 月 12 日，苏联航天员加加林乘坐东方 1 号宇宙飞船进入了太空，用 1 小时 48 分钟环绕地球飞行了一圈，成为第一位进入太空的人类。一年后，他的同事列昂诺夫进行了 13 分钟的太空行走。

他们的成功开启了人类的太空时代，激发了无数人的太空梦。越来越多航天员飞入太空，他们越飞越远，甚至在月球留下了足迹。但是，这些航天员更像太空旅客，他们坐在狭小的宇宙飞船里，最多只能停留十几天。科学家们希望航天员能在太空停留更久，甚至能像在地面一样展开工作。

（图源：NASA）

# 太空专车

如果航天员要去建设空间站，去空间站工作，然后再安全地回到地球，就必须有非常可靠的交通工具，那就是载人宇宙飞船。苏联的联盟号宇宙飞船就是为航天员量身打造的“太空专车”，能搭载 1~3 名航天员和一些货物。1967 年 4 月 23 日，联盟 1 号首次发射成功。从那时起，经过不断改进，

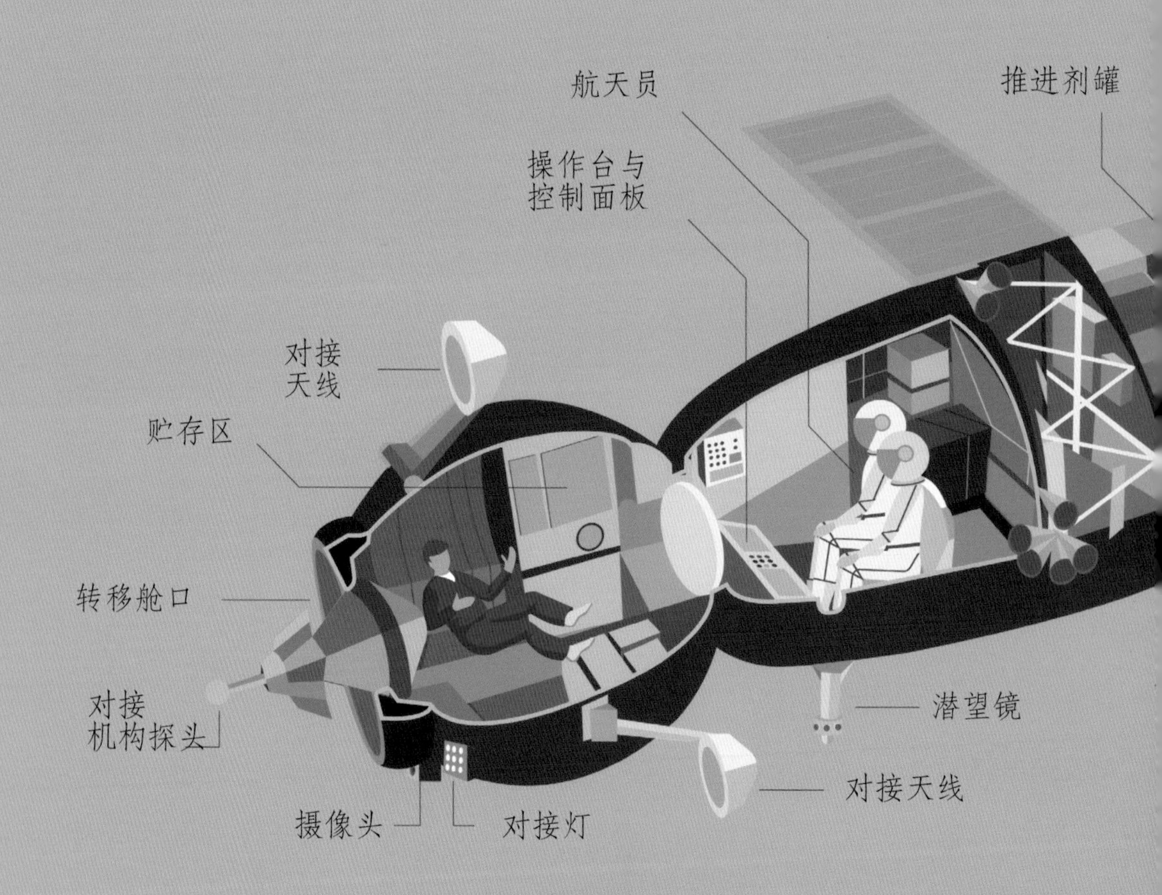

神舟十二号

联盟系列飞船成为世界上服役时间最长、发射次数最多的飞船，是当之无愧的“太空老劳模”。

中国神舟系列飞船同样也是安全可靠的太空摆渡船，正在为中国空间站的建设做贡献。

（图源：NASA / ESA）

# 第一座空间站

人类历史上的第一座空间站是苏联的礼炮 1 号。1971 年 4 月 19 日，礼炮 1 号发射成功，进入 200 千米的近地轨道，静静等候航天员到来。4 月 24 日，3 位航天员乘坐联盟 10 号飞船来与礼炮 1 号会合。可惜，对接没有成功，他们遗憾地回家了。

礼炮 1 号又耐心地等了一个半月。6 月 7 日，联盟 11 号载着 3 位航天员来了。这次的对接顺利而圆满，3 位航天员在礼炮 1 号里停留了 23 天。但非常让人痛心的是，因为机械故障，他们在返回地球的过程中献出了宝贵的生命。后来，苏联又发射了 6 座礼炮号空间站。礼炮 6 号和 7 号属

于空间站里的第二代，有两个对接口，可以同时对接载人飞船和货运飞船，具备了长期驻留和运行的能力。

（图源：网络）

# 天空实验室

天空实验室是美国的第一座空间站。1973年5月14日，土星5号运载火箭托举着天空实验室升空了。5月25日，一艘阿波罗飞船载着3位航天员与它成功对接。此后，又有2艘阿波罗飞船分别载着3位航天员来天空实验室工作。9位航天员总共在天空实验室里停留了171天。第三批航天员离开后，天空实验室就关闭了。因为技术原因，它再也没有开启。

天空实验室的寿命虽然短暂，但取得了丰硕成果。例如，研究了植物和细菌在太空中的生长，观测到一颗新彗星，拍摄到太阳耀斑

爆发的全过程等。其中一项研究成果还在2002年获得了诺贝尔物理学奖。天空实验室重约80吨，是人类发射到近地轨道的最大的单个航天器。但是，这样的大块头已经满足不了人类的雄心。下一步，就是要用车厢连成列车，像搭积木一样建造更大的空间站。第三代空间站即将诞生！

（图源：NASA）

# 太空握手

在认识第三代空间站之前，我们先来了解一段发生在太空中的友谊与合作的故事。1975 年 7 月，美国和苏联执行了“阿波罗 - 联盟测试计划”。这是人类历史上第一个由两个国家合作完成的载人航天任务。

1975 年 7 月 15 日，苏联的联盟 17 号宇宙飞船和美国的阿波罗号宇宙飞船先后发射升空。联盟 17 号载着 2 位航天员，阿波罗号更大一些，载着 3 位航天员和对接舱。两个国家的飞船原本无法对接，有了这个对接

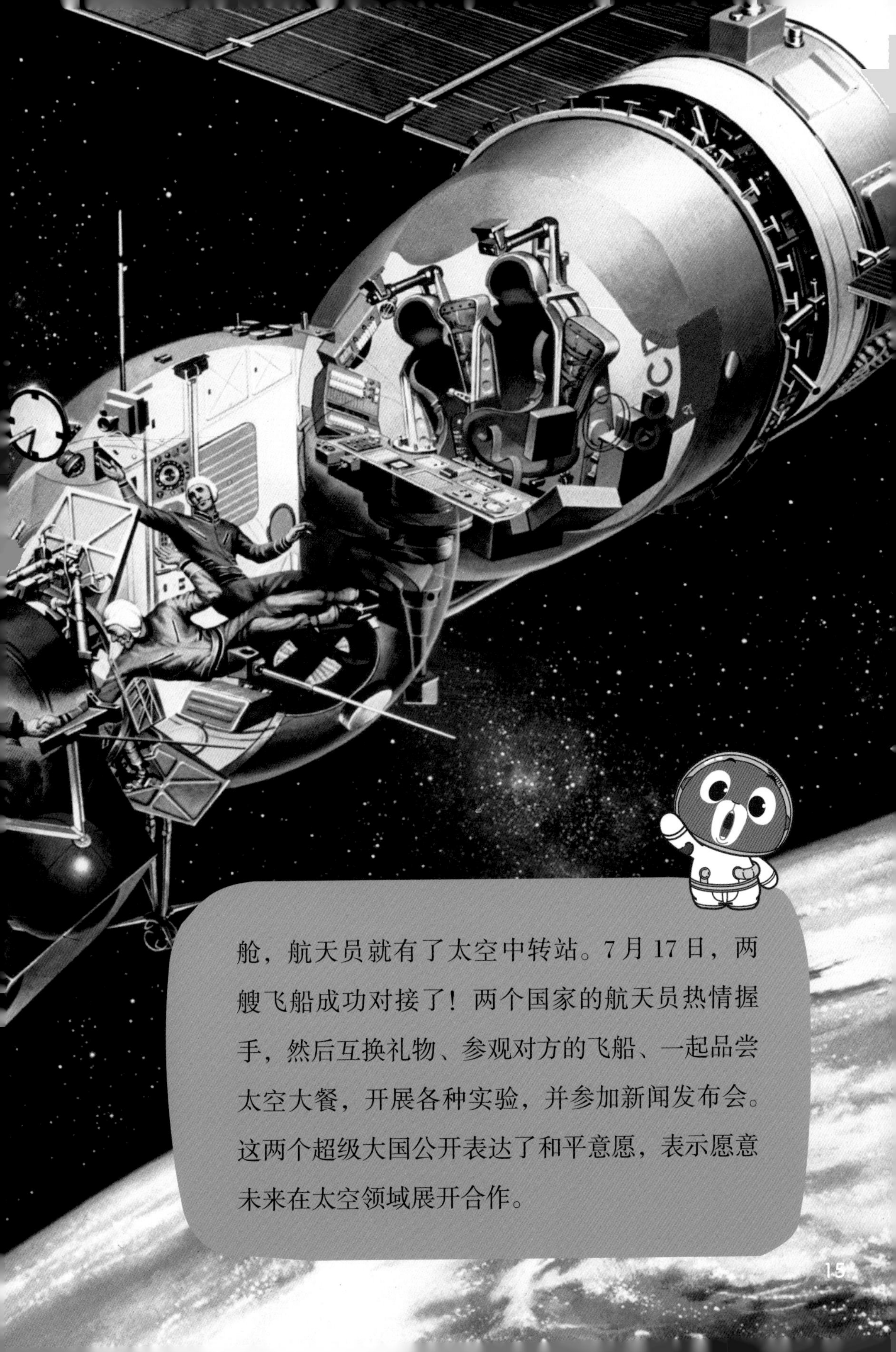

舱，航天员就有了太空中转站。7 月 17 日，两艘飞船成功对接了！两个国家的航天员热情握手，然后互换礼物、参观对方的飞船、一起品尝太空大餐，开展各种实验，并参加新闻发布会。这两个超级大国公开表达了和平意愿，表示愿意未来在太空领域展开合作。

天宫二号与神舟十一号对接示意图
（图源：中国航天科技集团）

# 太空搭积木

人类的首座第三代空间站是苏联的和平号。1986 年 2 月 20 日，和平号的第一个舱段——核心舱段发射升空了。在此后的 10 年里，又有 6 个舱段陆续进入太空，它们像积木一样拼装在一起，就组成了和平号空间站。

和平号总共在太空运行了 15 年，它的成绩如星光般璀璨：环绕地球飞行了 8 万多圈，行程 35 亿千米；与联盟号飞船对接 31 次，与进步号货运飞船对接 62 次，与美国航天飞机对接 11 次；12 个国家的 135 名航天员在和平号上完成了 1.65 万次科学实验，进行了 78 次太空行走，是当之无愧的国际空间站；俄罗斯航天员波利亚科夫在和平号上连续工作了 438 天，创造了人类单次太空飞行的最长纪录…… 和平号空间站为今天的国际空间站打下了坚实基础。

为了建设空间站，在 2011 年和 2016 年，中国先后发射了天宫一号和天宫二号两个空间实验舱。运行期间，它们都与载人飞船和货运飞船进行了多次顺利对接，成功完成了多项技术实验，给中国空间站开辟了“天路”。

（图源：NASA）

# 国际空间站结构示意图

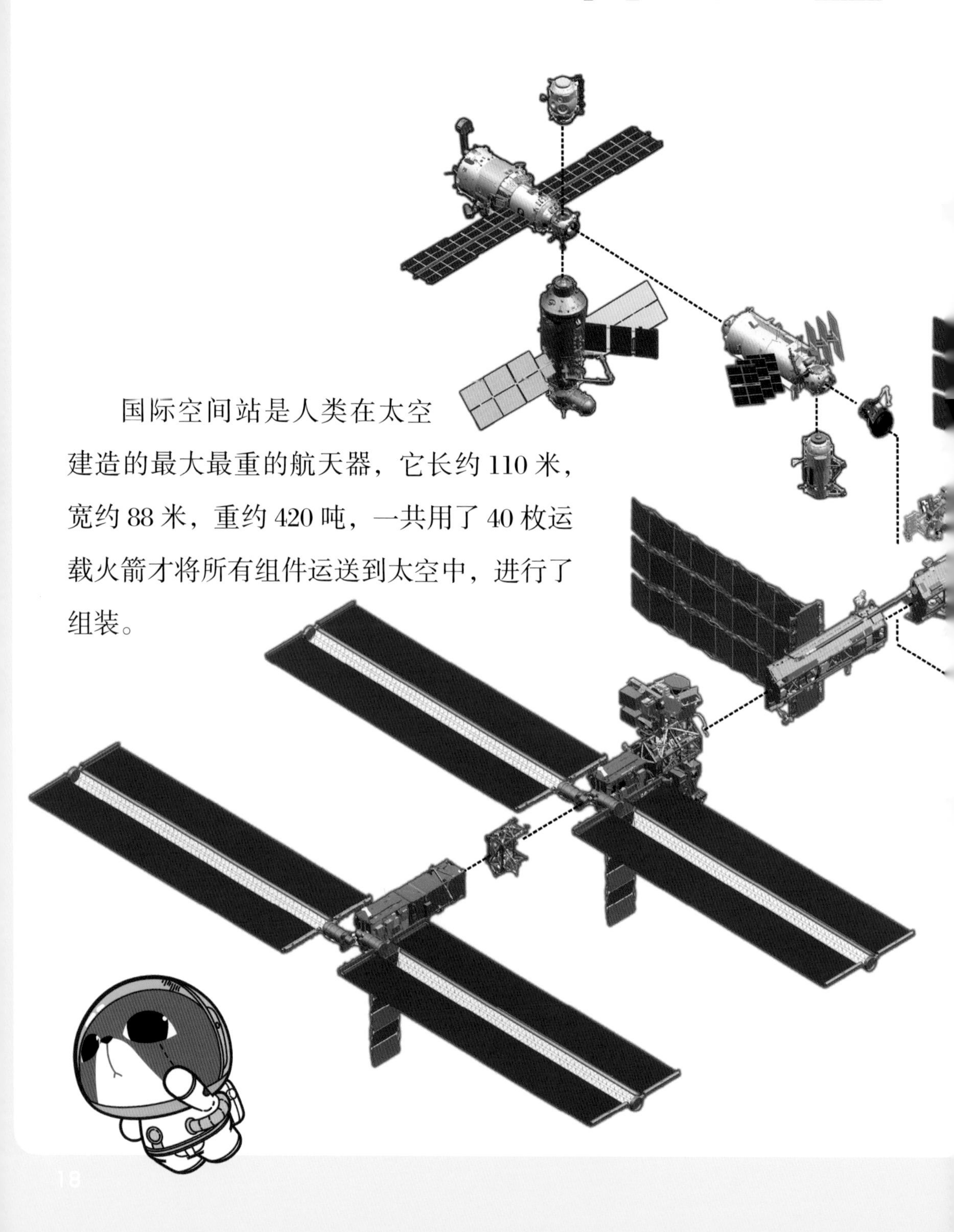

国际空间站是人类在太空建造的最大最重的航天器，它长约 110 米，宽约 88 米，重约 420 吨，一共用了 40 枚运载火箭才将所有组件运送到太空中，进行了组装。

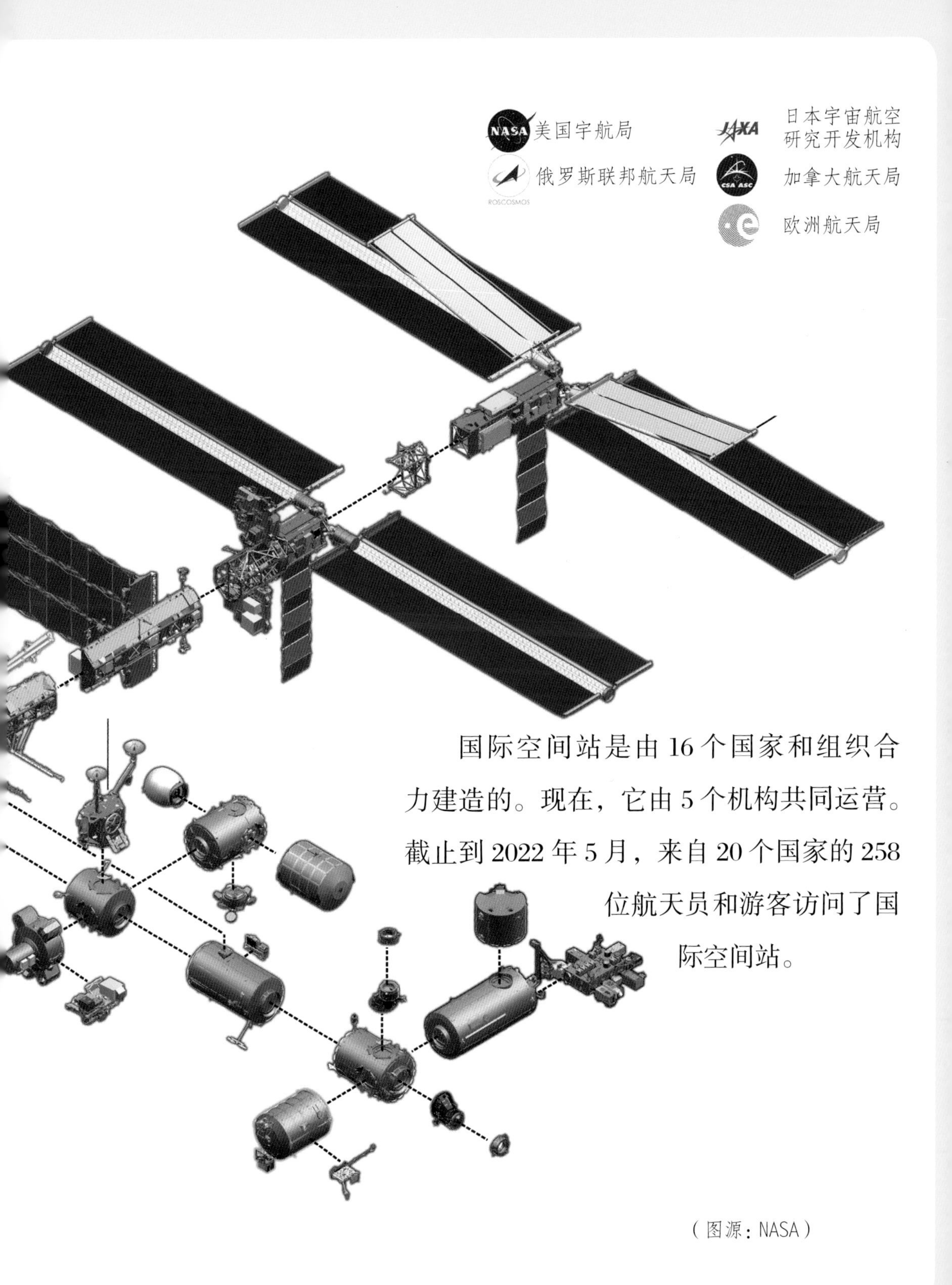


国际空间站是由 16 个国家和组织合力建造的。现在，它由 5 个机构共同运营。截止到 2022 年 5 月，来自 20 个国家的 258 位航天员和游客访问了国际空间站。

（图源：NASA）

# 太空研究院

如果说和平号空间站是太空实验室，那么，更宽敞的国际空间站就是当之无愧的太空研究院。航天员们每天都在忙些什么呢？让我们来简单了解一下吧！

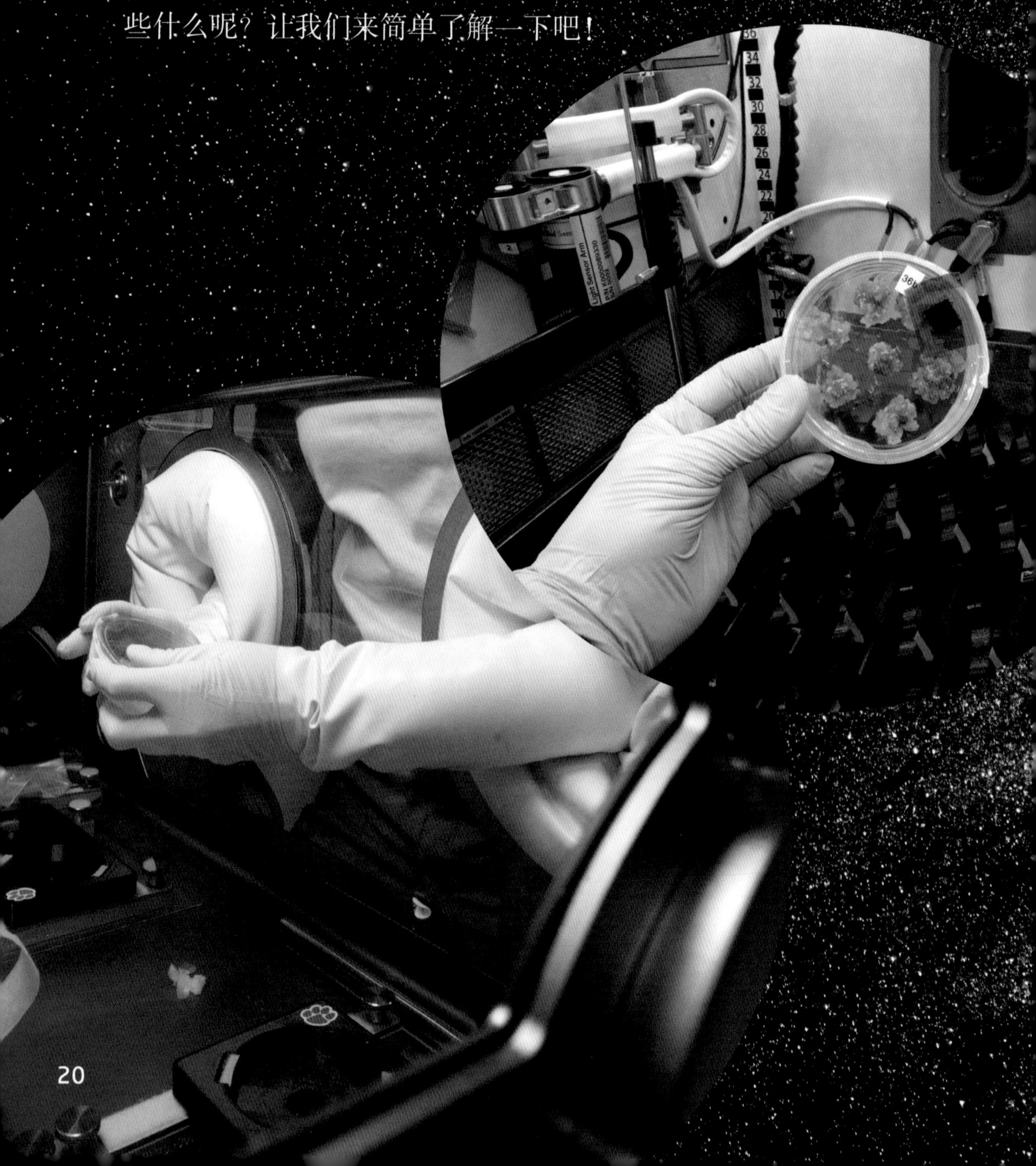

★ 生命科学实验。例如，研究微重力环境中细胞的生长、分裂和死亡。

★ 技术开发和验证。例如宇航服够安全吗？机械臂够灵活吗？

★ 地球空间科学研究。航天员俯瞰地球，不仅会拍摄壮观的照片，还能利用先进设备获取很多信息，从大气层到地核都有！

★ 物理化学实验。很多微重力实验，只有在空间站里才能进行。

★ 教育活动。主要就是“太空课堂”喽！

★ 人体研究。航天员通过研究自己的身体在空间站里的变化，积累数据，为人类的太空远征做准备！

未来，还会开拓更多新的研究领域哦！

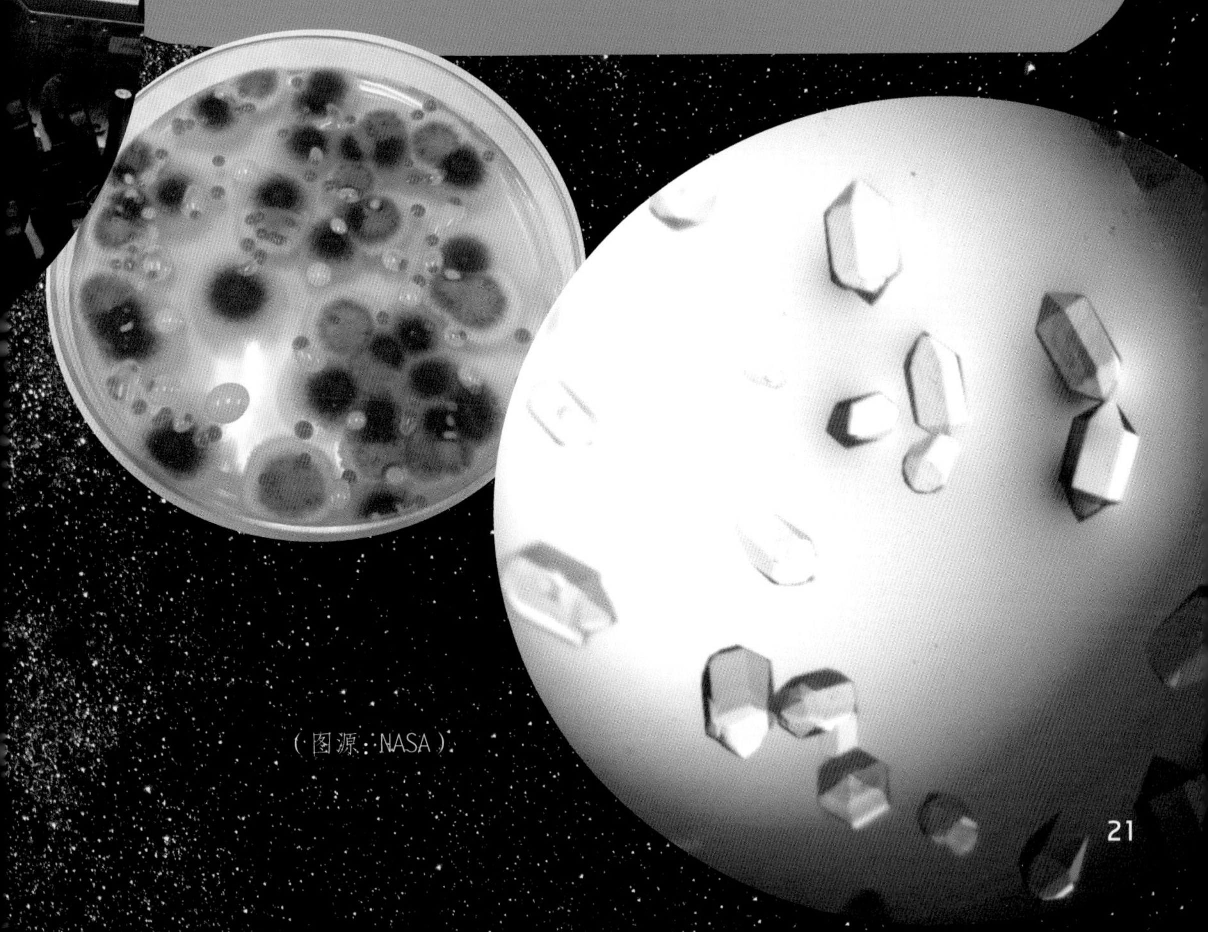

（图源：NASA）

# 太空种植

太空种植是航天员最喜欢的工作之一，既可以放松身心，又可以体会收获的乐趣，还可以参与太空育种。空间环境会诱发基因变化，太空种子会发生各种变异。地球上的科学家通过几代培育，选择好的变异种子来进行繁育，最终就能培育出新的优质品种。

同时，航天员还会在空间站里种植一些植物，例如莴苣、西红柿、辣椒、萝卜和百日菊。这主要是为了研究植物在太空的生长。未来，不仅在空间站里，在月球和火星基地里，航天员随时都能吃到自己种植的新鲜蔬菜！

（图源：NASA）

# 太空行走

太空行走，也叫出舱活动。顾名思义，就是航天员要离开航天器，到太空中去工作。太空行走的主要目标包括：检查和维修航天器、在航天器外部安装设备、进行科学实验、释放人造卫星等。

太空行走是一项非常重要，同时也非常复杂的技术。首先，航天员要在地面接受长期艰苦的模拟训练。其

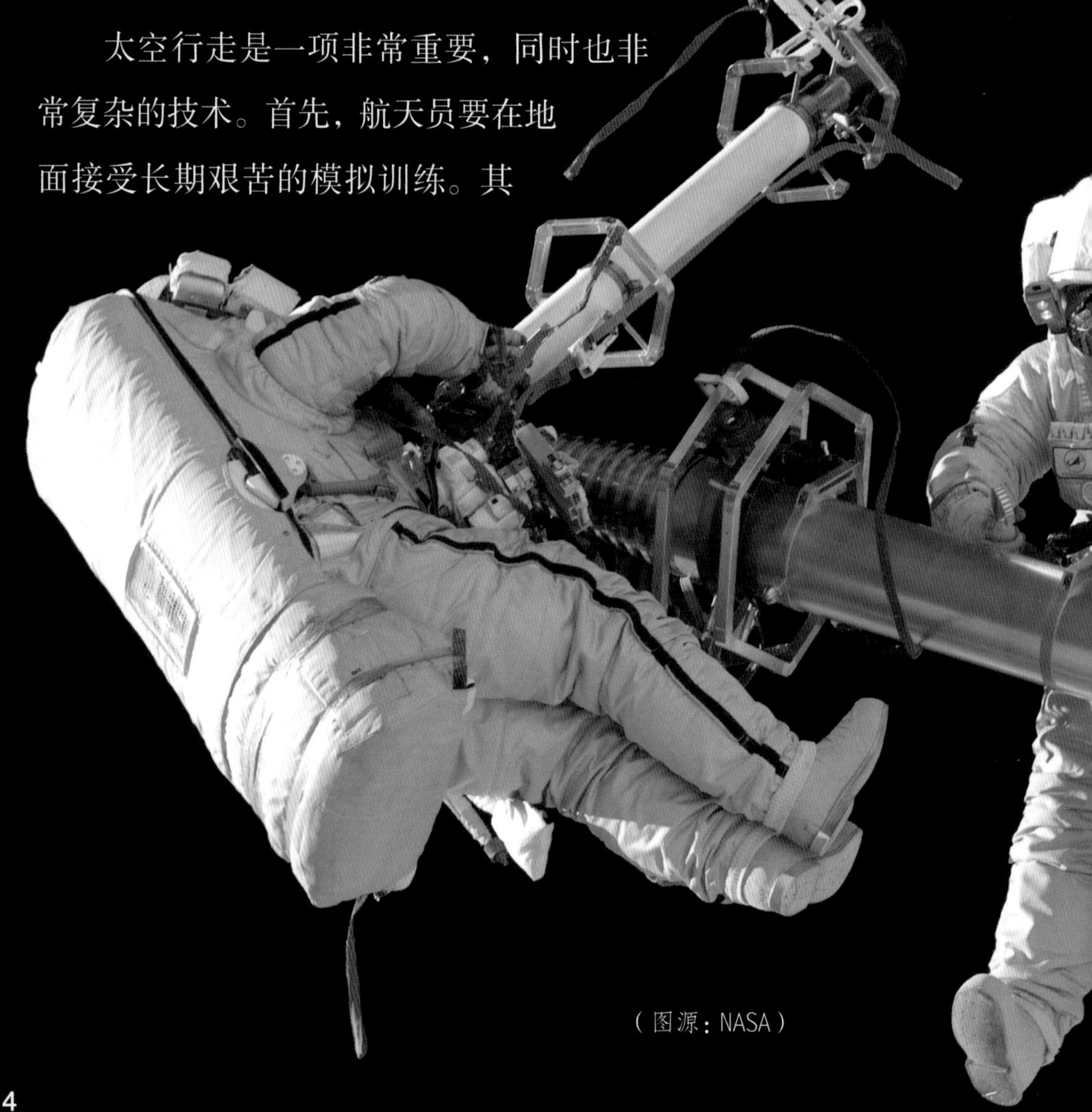

（图源：NASA）

次，要有适合真空环境、能防辐射的舱外航天服，气闸舱等设备也要确保万无一失。航天员进行太空行走的时候，看上去轻飘飘的，似乎很容易。其实，在微重力环境中，要控制好移动的方向、速度和距离，要准确完成每一个动作，是非常难的，而且很耗费体力。他们的每次成功，不仅凝结着自己的汗水，也是团队合作的硕果。

天鹅座号

# 太空快递员

目前，国际空间站和天宫空间站都按照人员每半年一轮换的模式来运行，需要定期进行食物、物资和燃料的补给。负责

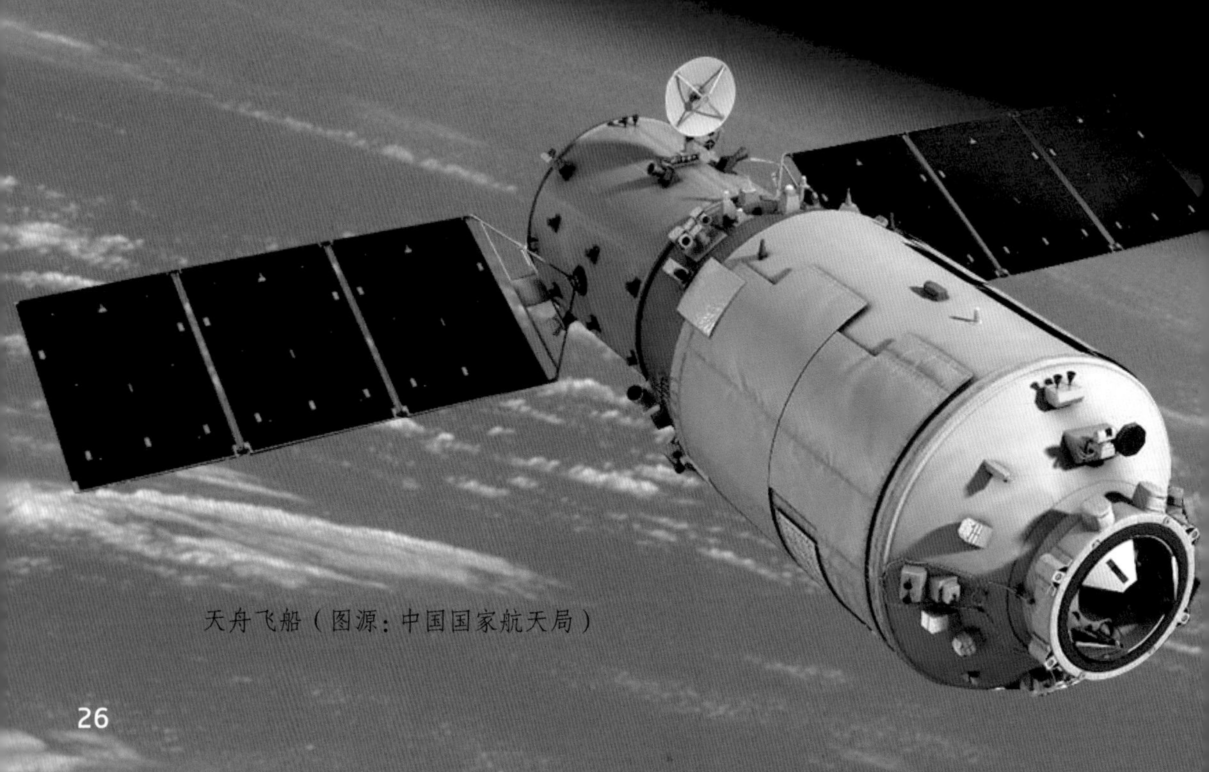

天舟飞船（图源：中国国家航天局）

白鹳号

太空快递的就是货运飞船，美国的天鹅座号和龙飞船、俄罗斯的进步号、日本的白鹳号、欧洲的自动转移飞行器以及中国的天舟飞船都承担着这项重任。

龙飞船

自动转移飞行器

（图源：NASA）

# 太空旅客

上太空不仅是航天员的目标，也是无数人的梦想。曾经，它显得是那么遥不可及。但是，随着科技的进步，普通人的太空梦正逐步变成现实。2022 年 4 月 8 日，世界上的第一个“普通人”航天员小组出发了。他们一共有 4 位成员，只有指令长曾经是专业航天员，其他 3 位都是普通乘客。不过，他们的“船票”价格可非常不普通，一张就要 5 500 万美元。

“普通人”航天员小组原计划在国际空间站停留 8 天。不过，因为地面天气原因，他们的“船票”必须改签。结果，总共在太空停留了 16 天，在国际空间站停留了 14 天，真是超值呀！未来，太空“船票”的价格会越来越便宜，普通人的太空梦将越来越容易实现。小读者，你一定要锻炼好身体，做好准备哦！

（图源：NASA）

# 未来的空间站

按照原来的计划，国际空间站将在 2024 年退役。这真的很可惜，为了建造和运营它，无数人付出了辛勤劳动。不过，好消息是，因为国际空间站的状态还很不错，在航天员们的精心修理和维护下，它完全可以延迟“退休”。现在的方案是，国际空间站将在 2030 年关闭。2031 年，地面控制中心将操控它落入太平洋的安全区域。

美国正联合多个国家建设深空门户空间站。将来，也许会开通地球与月球之间的航班哟！未来的人类空间站，需要许许多多设计者、建造者和驻留者。亲爱的小读者，请你紧紧抓住自己的太空梦，让它把你带向深空、带向未来……

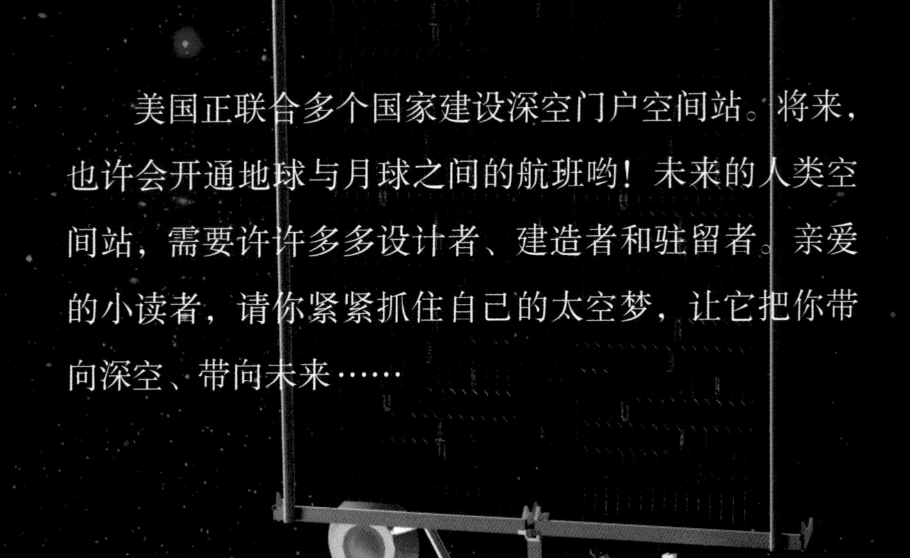

（图源：NASA）

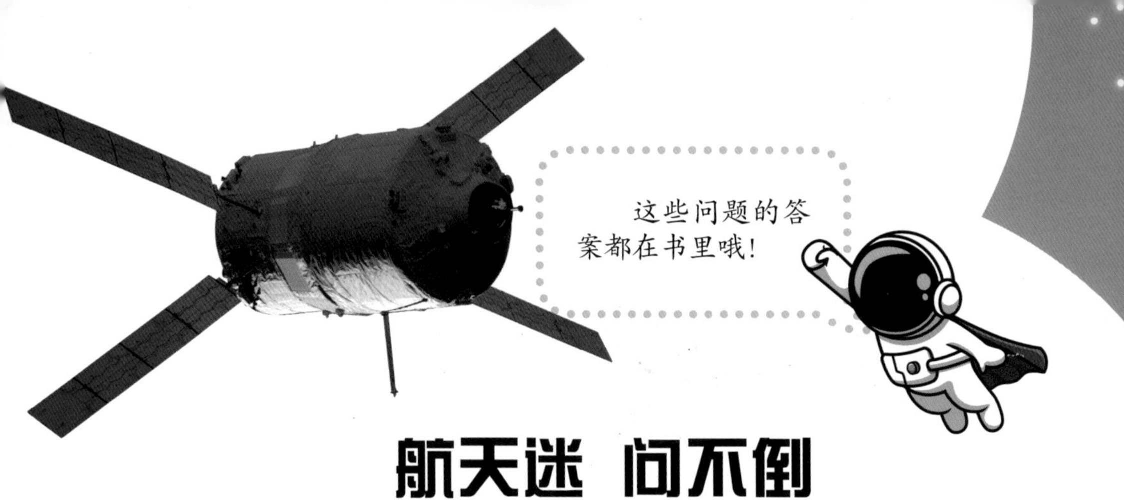


# 航天迷 问不倒

1. 空间站在离地球大约多少千米的太空中运行?

2. 空间站多少分钟能绕地球一圈?

3. 中国空间站计划在哪一年建成?

4. 第一位进入太空的人类是谁?

5. 人类历史上的第一座空间站叫什么?

6. 人类的首座第三代空间站叫什么?

7. 国际空间站由几个机构共同运营?

8. 航天员在空间站里种植了哪些植物?

9. “普通人”航天员的“船票”贵吗?

10. 国际空间站将在哪一年关闭?